Nethal Jajo
Shelton Peiris

Python e R em Estatística e Ciência de Dados

Nethal Jajo
Shelton Peiris

Python e R em Estatística e Ciência de Dados

ScienciaScripts

Imprint

Any brand names and product names mentioned in this book are subject to trademark, brand or patent protection and are trademarks or registered trademarks of their respective holders. The use of brand names, product names, common names, trade names, product descriptions etc. even without a particular marking in this work is in no way to be construed to mean that such names may be regarded as unrestricted in respect of trademark and brand protection legislation and could thus be used by anyone.

Cover image: www.ingimage.com

This book is a translation from the original published under ISBN 978-620-6-84564-5.

Publisher:
Sciencia Scripts
is a trademark of
Dodo Books Indian Ocean Ltd. and OmniScriptum S.R.L publishing group

120 High Road, East Finchley, London, N2 9ED, United Kingdom
Str. Armeneasca 28/1, office 1, Chisinau MD-2012, Republic of Moldova, Europe
Printed at: see last page
ISBN: 978-620-7-65555-7

Conteúdo

Python e R têm muitas características em comum. As suas linguagens são bastante semelhantes e ambas são as duas linguagens de programação mais populares utilizadas por estatísticos, analistas de dados e cientistas de dados. São gratuitas e de código aberto e foram desenvolvidas no início da década de 1990. Em termos gerais, o Python é uma linguagem de programação mais geral, na medida em que é melhor para a manipulação de dados e tarefas repetidas, enquanto o R reflecte as suas origens na estatística e é bom para análises ad hoc e exploração de conjuntos de dados. Para qualquer pessoa interessada em aprendizagem automática, em trabalhar com grandes conjuntos de dados ou em criar visualizações de dados complexas, são uma dádiva de Deus.

Para a análise de dados, as diferenças entre Python e R estão a começar a desaparecer. A maioria das tarefas comuns anteriormente associadas a um programa ou a outro são agora possíveis em ambos. Assim, o grande debate Python versus R está resolvido. Se tudo o que está a fazer é análise de dados, não importa qual deles utiliza.

Este livro fornece código Python (em blocos verdes claros) e o seu equivalente em R (em blocos roxos claros) para a conetividade, manipulação e análise de dados, o que o torna um livro único nestas áreas. A publicação deste livro enriquecerá a biblioteca dos utilizadores de Python e R e apoiará os alunos/professores que utilizam uma plataforma e pretendem aprender/ensinar a outra.

O nosso objetivo ao escrever este livro é ajudá-lo a traduzir o que sabe sobre Python para um conhecimento prático de R e vice-versa, da forma mais rápida e fácil possível. Indicamos como diferem usando terminologia que é familiar para os utilizadores de Python e R. Pode encontrar qualquer função em R procurando a sua contraparte em Python e vice-versa. Fornecemos muitas funções em R e Python para que possa ver como se comparam, tópico a tópico, na análise estatística.

Quando terminar, deverá ser capaz de utilizar R ou Python para:

- Ligar ao armazém de dados.

- Ler/escrever dados de vários tipos de ficheiros de texto e conjuntos de dados R.

- Faça a gestão dos seus dados através de transformações, recodificações, combinação de conjuntos de dados e reestruturação de dados de formatos largos para longos e vice-versa.

- Criar gráficos de qualidade para publicação, incluindo barras, histogramas, tartes, linhas, dispersão, regressão e caixas.

- Efetuar os tipos básicos de análise estatística.

A QUEM SE DESTINA ESTE LIVRO

O livro destina-se a estudantes, académicos, profissionais e pessoas em geral que conheçam Python ou R. No entanto, explicamos códigos Python e R para estatística e ciência de dados, pelo que é ideal para os leitores passarem de um software para outro. Este livro não inclui a escrita de funções ou o desenvolvimento de pacotes em Python ou R, mas sim a utilização das funções ou pacotes existentes na área da estatística e da ciência dos dados.

O livro está organizado em nove capítulos. Segue-se uma breve descrição de cada um dos capítulos:

O capítulo 1 identifica alguns dos comandos Python e R necessários para organizar o espaço de trabalho. O capítulo apresenta o ambiente de desenvolvimento integrado e o editor de código para ambos os softwares. Também identifica os comandos necessários para lidar com o diretório de trabalho, ficheiros e objectos no diretório. Tanto o Python como o R dependem de pacotes, este capítulo lista alguns dos comandos necessários para instalar e carregar pacotes em ambos os softwares.

O Capítulo 2 explora os comandos mais populares de Python e R em Open Database Connectivity (ODBC) e a leitura de tabelas dessa base de dados. A leitura e a escrita de dados de outros formatos, como valores separados por vírgulas, serão exploradas neste capítulo. O capítulo fornece comandos Python e R para visualização e inspeção de dados.

O Capítulo 3 analisa os comandos Python e R mais populares necessários para a manipulação de dados em estatística e ciência dos dados, incluindo subconjunto de dados, formatação de dados: formato longo e largo, limpeza de dados, fusão de dados, ordenação de dados e filtragem de dados.

O capítulo 4 apresenta alguns dos códigos Python e R necessários para a visualização de dados. Os cientistas de dados, os estatísticos e outros especialistas da área fazem frequentemente gráficos de dados para encontrar correlações e padrões. Este capítulo inclui oito visualizações de dados: Gráfico de dispersão, gráfico de caixa, histograma, gráfico de barras, gráfico de linhas, gráfico de tartes, gráficos de caule e folhas e gráfico de bolhas.

O Capítulo 5 revela alguns dos códigos Python e R para lidar com os conceitos estatísticos descritivos mais importantes. A estatística descritiva ajuda-nos a compreender os dados e é um passo inicial muito importante da análise estatística e da aprendizagem automática. Os autores fornecem códigos Python e R para as estatísticas descritivas mais populares: estatísticas sumárias, percentis e estatísticas simples e funções matemáticas como a soma, a raiz quadrada, a média, a mediana, a moda, a variância e o desvio padrão.

O Capítulo 6 revela os códigos Python e R mais populares necessários para subconjuntos do espaço de amostragem denominados "eventos" e as suas operações como intersecção e união. Os autores também fornecem o código Python e R para calcular a probabilidade de tais eventos.

O Capítulo 7 aborda os códigos Python e R que lidam com distribuições estatísticas. Os autores sugerem as distribuições Normal e Students t para as distribuições estatísticas contínuas e as distribuições Binomial e Poisson para as distribuições estatísticas discretas. Este capítulo fornece códigos Python e R para gerar variáveis aleatórias e calcular probabilidades para cada uma das distribuições mencionadas.

O Capítulo 8 apresenta os códigos Python e R necessários para efetuar um teste estatístico denominado teste de hipóteses. Os códigos Python e R para o teste de uma amostra para a média da população, o teste de uma amostra para a proporção da população, os testes t de duas amostras para as médias e os testes de Qui-quadrado para os dados categóricos são fornecidos neste capítulo.

O Capítulo 9 analisa os códigos Python e R necessários para resumir e estudar as relações entre variáveis através da regressão linear. Os códigos apresentados neste capítulo serão utilizados para construir modelos lineares, produzir e imprimir parâmetros de regressão linear e efetuar testes de hipóteses e de coeficiente de correlação.

Nethal Jajo

Universidade de Sydney, Sydney, Austrália

Shelton Peiris

Universidade de Sydney, Sydney, Austrália

REFERÊNCIAS

Ajay O. (2017). Python para utilizadores de R: *A Data Science Approach*, Wiley.

Dan T. (2014). *R for Data Science, Aprenda e explore os fundamentos da ciência de dados com R*, PACKT Publishing, Birmingham-Mumbai.

Daniel K. (2013). *Start r in Calculus*, edição Beta, Projeto Mosaico.

Edwin d. J. e M v. d. L. (2013). *An introduction to data cleaning with R*, Statistics Netherlands, Henri Faasdreef 312, 2492 JP The Hague.

Gareth J., Daniela W. Trevor H. e Robert T. (2013). *An Introduction to Statistical Learning_with Applications in R*, Springer Science+Business Media, Nova Iorque.

G. Jay Kerns (2011). *Introduction to Probability and Statistics Using R, 2ª* edição.

Jeffrey S. S. e Jeffrey M. S. (2017). *Uma introdução à ciência dos dados,* SAGE Publications, Inc, EUA.

John H. (2016). *Aprendizado de máquina avançado com Python*, Packt Publishing.

Luis P. C. e Willi R. (2015). *Construindo sistemas de aprendizado de máquina com Python*, 2ª edição, Packt Publishing.

Mark L. (2008). *Learning Python*, 3rd ed, O'Reilly Media, Inc.

Nina Z. e John M. (2014). *Practical Data Science with R*, publicações Manning.

Petra K. e Bill V. (2005). *An Introduction to R; Software for Statistical Modelling & Computing*, CSIRO Mathematical and Information Sciences, Cleveland, Austrália.

Phil S. (2008). *Data Manipulation with R*, Springer Science+Business Media, LLC.

Shelton P., Jennifer C., Nethal J. (2021). Um guia de referência rápida para iniciantes em estatística e ciência de dados usando RStudio, CV. Meugah Printindo, Indonésia. ISBN 978-623-97079-0-3.

Samir M. (2015). *Dominando Python para ciência de dados*, Packt Publishing.

Trevor H., Robert T. e Jerome F. (2008). *The Elements of Statistical Learning, Data mining, Inference and Prediction (Os elementos da aprendizagem estatística, extração de dados, inferência e previsão)*, 2.ª edição, Springer

Thomas H. (2016). *Uma introdução à estatística com Python: With Applications in the Life Sciences*, 1ª ed, Springer.

Agradecimentos

Agradecemos muito à Sra. Jannette Greenwood, da Universidade de Sydney, pela sua excelente leitura de provas do livro. Os seus comentários, orientações e sugestões muito úteis sobre os projectos originais melhoraram a legibilidade deste trabalho.

Os autores agradecem os valiosos contributos dos revisores para a melhoria da qualidade, coerência e apresentação dos conteúdos do livro.

Dedicação

Este livro é dedicado às nossas esposas pelo seu apoio contínuo às nossas actividades académicas.

N. Jajo para Iman

S. Peiris para Jayanthi

Nethal Jajo concluiu o seu doutoramento em matemática na Universidade de Nankai, na China. Depois de se formar na Universidade de Nankai em 1999, foi tutor na atual Escola de Ciências Físicas, Ambientais e Matemáticas da Universidade de Nova Gales do Sul e leccionou na Universidade de Sydney Ocidental, no Consórcio do Norte de Universidades Britânicas e na Universidade Macquarie. Trabalhou também como modelador matemático no Ministério da Defesa australiano. Ocupa três cargos na Universidade de Sidney: especialista em análise, planeamento analítico avançado e dados empresariais (AAP), portfólio de estratégias; afiliado honorário da Escola de Matemática e Estatística; e professor na disciplina de análise empresarial da Escola de Gestão de Sidney. Uma lista completa das suas publicações e outros pormenores/trabalhos relacionados pode ser consultada em: https://sydney.edu.au/science/people/nethal.jajo.php.

Shelton Peiris fez o seu doutoramento na Monash University, Melbourne, Victoria. Os seus interesses de investigação são em Análise Estatística de Séries Temporais com Aplicações em Econometria Financeira, tópicos em Estatística Matemática e ensino/educação de estatística. No outono de 2019, ele foi professor (visitante) no Departamento de Estatística e Ciências Atuariais da Simon Fraser University, Burnaby, Vancouver, BC, Canadá. Uma lista completa das suas publicações e outros pormenores/trabalhos relacionados pode ser consultada em http://www.maths.usyd.edu.au/u/shelton.

## CAPÍTULO 1

Trabalhar organizando comandos e pacotes

Tanto o Python como o R têm um ambiente de desenvolvimento integrado (IDE) e um editor de código; para o Python, o Spyder fornece um poderoso ambiente de desenvolvimento interativo para a linguagem Python com funcionalidades avançadas de edição, teste interativo, depuração e introspeção. O Spyder já está incluído na distribuição científica Python Anaconda. Semelhante ao editor incorporado no gui do Windows R, o NppToRaims pretende alargar a funcionalidade de passagem de código para o editor de código Notepad++. Além de passar para o gui do R, o NppToR fornece passagem opcional para uma janela PuTTY para passar para uma instância do R em uma máquina remota.

1.1 Definir diretório de trabalho

É muito importante organizar o espaço de trabalho. Tanto o Python como o R podem ser usados para definir o diretório de trabalho:

Para Python, utilize o seguinte comando:

```python
import os
os.chdir("C:/Users/Blah/MyDocument/Folder1")
```

Para utilização em R:

```r
setwd("C:/Users/Blah/MyDocument/Folder1")
```

Nota: se preferir utilizar a barra invertida (\), deve utilizar a barra invertida dupla (\\) tanto para o Python como para o R.

1.2 Verificar o diretório de trabalho

Para verificar o endereço ou a localização do seu diretório de trabalho, pode utilizar os seguintes códigos:

```
import os
os.getcwd()
```

```
getwd()
```

1.3 Listar ficheiros num diretório

A exploração de todos os ficheiros dentro do diretório de trabalho requer os
seguintes códigos:

```
import os
os.listdir()
```

```
dir()
```

1.4 Listar todos os objectos

A exploração de objectos dentro do diretório de trabalho requer os seguintes
códigos:

```
globals()
```

```
ls()
```

1.5 Remover um objeto

A remoção de um objeto dentro do diretório de trabalho requer os seguintes
códigos:

```
del('object')
```

```
rm('object')
```

1.6 Instalar e carregar um pacote

Tanto o Python como o R dependem de pacotes. Para instalar pacotes em Python, é necessário utilizar a linha de comandos win python, enquanto que para o R o código será impresso no NpptoR.

```
pip install package
```

```
install.packages('package')
```

Antes de utilizar os pacotes, estes têm de ser carregados; isto pode ser feito da seguinte forma:

```
import package as pa
```

```
library('package')
```

## CAPÍTULO 2

Conectividade e inspeção de dados

Este capítulo centrar-se-á na ligação ao armazém de dados Structured Query Language (SQL) e na leitura e escrita em valores separados por vírgulas (csv).

2.1 Ligação à base de dados

A ligação à base de dados será efectuada utilizando a conetividade aberta à base de dados (ODBC) para Python e R.

- **Ligação SQL:**

```
import pyodbc
ch = pyodbc.connect('DRIVER=SQL Server;Server=*******;
DATABASE=*******;Trusted_Connection=yes; ')
```

```
library('RODBC')
ch = odbcDriverConnect('DRIVER=SQL Server;Server=*******;
DATABASE=*******;Trusted_Connection=yes; ')
```

- **Ler a tabela da base de dados:**

Os códigos a seguir lerão uma tabela do banco de dados (DB) e a salvarão como dataframe:

```
import pandas as pd
TableA = pd.read_sql_query('SELECT * FROM DBName',ch)
```

```
TableA = sqlFetch(ch, 'TableNameinDB')
```

2.2 Ler e escrever dados

Para ler os dados de um ficheiro csv e guardá-los como dataframe (df), pode utilizar os seguintes códigos:

- **Ler ficheiro csv:**

```python
import pandas as pd
df  =  pd.read_csv('FileName.csv',index=False)
```

```r
df  =  read.csv('FileName.csv')
```

- **Escrever num ficheiro csv:**

```python
import pandas as pd
pd.DataFrame.to_csv(df,  'FileName.csv',index=False)
```

```r
write.csv(df, 'FileName.csv')
```

Nota: Os pacotes R têm conjuntos de dados muito ricos. Os conjuntos de dados do R podem ser importados, guardados como dataframe e utilizados pelo Python. Por exemplo, o conjunto de dados de carros em R é sobre a velocidade e as distâncias necessárias para parar de 50 carros.

```python
import statsmodels.api as sm
import pandas as pd
cars_speed=sm.datasets.get_rdataset('cars', 'datasets')
cars = pd.DataFrame(cars_speed['data'])
```

2.3 Visualização e inspeção de dados

- **Visualizar o quadro de dados completo:**

Em Python, para visualizar todo o quadro de dados, o rato faz duplo clique no nome do quadro de dados na janela do explorador de variáveis para visualizar todo o quadro de dados, enquanto em R a função View pode ser utilizada da seguinte forma:

```r
View(df)
```

- **Ver os primeiros 5 elementos de df:**

```
df.head(5)
```

```
View(head(df,5))
#OR
head(df,5)
```

- **Ver os últimos 5 elementos de df:**

```
df.tail(5)
```

```
View(tail(df,5))
#OR
tail(df,5)
```

Ver os nomes das colunas de df:

```
df.head(0)
# OR
list(df)
```

```
names(df)
```

- **Ver os nomes das linhas de df:**

```
list(df.index)
```

```
rownames(df)
```

- **Renomear colunas de df:**

```
df.columns=['P', 'Q',...]
```

```
colnames(df)=c('P', 'Q',...)
```

- **Renomear linhas de df:**

```
df.index=['A', 'B',...]
```

```
rownames(df)=c('A', 'B',...)
```

CAPÍTULO 3

Manipulação de dados

3.1Subconjunto de dados

* **Seleção de um elemento:**

O quadro de dados começa na coluna 0, para selecionar um elemento do quadro de dados na primeira linha e na primeira coluna, podem ser utilizados os seguintes códigos

```
df.iat[1,0]
```

```
df[1,1]
```

* **Selecionar as três primeiras linhas:**

```
df[0:3]
```

```
df[1:3,]
```

* **Selecionar as três primeiras colunas:**

```
df.iloc[:,0:3]
```

```
df[,1:3]
```

Selecionar colunas pelos seus nomes:

```
df.loc[:,['Col1', 'Col2']]
```

```
df[,c('Col1', 'Col2')]
```

* **Selecionar um elemento de uma lista:**

A lista tanto em Python como emR tem variáveis numéricas e de caracteres misturadas, por exemplo x é 1, '2', 3, '4'. Para criar esta lista e selecionar o primeiro elemento da mesma, podem ser utilizados os seguintes códigos:

```
x = [1, '2', 3, '4']
x[0]
```

```
X = c(1,'2',  3,'4')
x[1]
```

3.2Formatação de dados

- Desativar a anotação científica:

Por vezes, é preferível não ter os números reportados em formato científico.
Nesses casos, para desativar a formatação científica de um único valor ou de
todos os números dentro do quadro de dados, pode utilizar os seguintes códigos:
(Nota: em Python, é necessário gerir a precisão).

```
x = 9.693919e-010  f'{x:.20f}'
# For all data in a column:
import numpy as np
np.set_printoptions(suppress=True)
```

```
x = 9.693919e-010
format(x, scientific = FALSE)
# OR for the whole workspace
options(scipen=999)
```

- **Formato longo:**

Suponha que o conjunto de dados df contém informações sobre publicações: ID
da publicação, Ano da publicação e três campos de investigação (FoR). Para
reformular este dataframe para um formato longo com as colunas PubID,
PubYear, WhichFoR e FoR, podem ser utilizados os seguintes códigos:

```python
df_Long  =  pd.melt(df,  id_vars=['PubId','PubYear'], value
vars=df.iloc[:,2:4],var_name='WhichFoR', value_name='FoR')
```

```r
library('reshape2')
library( 'dplyr')
df_Long=df %>%
reshape(direction = 'long', varying  =  3:5, sep  =  ' ')
#OR
df_Long=df%>%
gather(WhichFoR,FoR, 3:5)
```

Grande formato:

```python
df_Wide  =  df_Long.groupby(['PubId',  'Which
FoR'])['FoR'].aggregate('max').unstack()
```

```r
df_Wide = dcast(df_Long,PubId~WhichFoR, value.var =
'FoR',max)
```

- **Adição de zeros à esquerda ao objeto de estrutura de dados:**

A adição de zeros à esquerda ao objeto dataframe será explicada neste ponto
através de três casos: FoRs de dois dígitos, FoRs de quatro dígitos e FoRs de
seis dígitos.

```python
import pandas as pd
FoR={'FoR1':['101','100','0901'], 'FoR2':['1','10','09'],
'FoR3':['10100','10000','090100']}
FoRs=pd.DataFrame(FoR,columns=['FoR1','FoR2','FoR3'])
FoRs['FoR1']  =  FoRs['FoR1'].str.zfill(4)
FoRs['FoR2']  =  FoRs['FoR2'].str.zfill(2)
FoRs['FoR3']  =  FoRs['FoR3'].str.zfill(6)
```

```r
FoR1=c('101','100','0901')
FoR2=c('1','10','09')
FoR3=c('10100','10000','090100')
FoRs=data.frame(FoR1,FoR2,FoR3)
options(stringsAsFactors = FALSE)
FoRs$FoR1=suppressWarnings(formatC(as.double(FoRs$FoR1), width
= 4,  format ='d', flag = '0'))
FoRs$FoR2=suppressWarnings(formatC(as.double(FoRs$FoR2), width
= 2,  format = 'd',  flag = '0'))
FoRs$FoR3=suppressWarnings(formatC(as.double(FoRs$FoR3), width
= 6,  format = 'd',  flag = '0'))
```

Remoção de 'NA' ou 'NaN' do dataframe (df):

```python
df.dropna()
```

```r
na.omit(df)
```

- Determinar o tipo de variável:

```python
type(x[1])
```

```r
typeof(x[1])
```

- Converter variável de carácter em numérica:

```python
x=[1,'2', 3,'4']
int(x[1]) # if the text is an integer like '2'
float(x[1]) # if the text is an integer like 2.3
```

```r
x=c(1,'2', 3,'4')
as.numeric(x[2])
```

3.3 Fusão de dados

Os exemplos de código seguintes explicam a fusão de dois quadros de dados em

Python e R:

```python
import pandas as pd

df1 = pd.DataFrame('employee':['Bob', 'Jake', 'Lisa','Sue'],
'group':['Accounting', 'Engineering','Engineering','HR'])

df2=pd.DataFrame('name':['Bob','Jake','Lisa','Sue'],
'salary':[70000, 80000, 120000, 90000])

df1_mergedTo_df2=pd.merge(df1, df2, left_on='employee',
right_on='name')
```

```r
df1 = data.frame(employee = c('Bob','Jake','Lisa','Sue'),
group  = c('Accounting', 'Engineering', 'Engineering',
'HR'))

df2 = data.frame(name = c('Bob','Jake','Lisa','Sue'), salary
= c( 70000, 80000, 120000, 90000))

df1_mergedTo_df2=left_join((df1,  df2, by =  c('employee'
='name'))
```

3.4 Ordenação e filtragem de dados

Tanto o Python como o R são semelhantes na filtragem e ordenação de dados.

Para um quadro de dados df com duas colunas P e Q:

- Ordenação

```python
dfSorted = df.sort_values(['P'], ascending  =  False)
# For a list a
a.sort()
```

```r
df[order(df$P,-df$Q),] # Ascending in P and descending   in Q
```

- Filtering
```r
# OR
df[order(df$P),]
```

```r
df[df.P==2012]
```

```r
df[df$P==2012,]
```

## CAPÍTULO 4

Gráficos básicos

Os cientistas de dados e os estatísticos traçam frequentemente os dados para encontrar correlações e padrões. Assim, as visualizações tornam-se critérios importantes na escolha de uma ferramenta de ciência de dados. As bibliotecas de visualização de dados Python incluem Seaborn, Bokeh e Pygal, enquanto as do R incluem ggplot2, ggvis, googleVis e rCharts. Em termos visuais, o R está muito à frente do Python. O R oferece imagens espectaculares que são muito mais sofisticadas do que as visualizações complicadas do Python.

4.1 Gráfico de dispersão

```python
from matplotlib import pyplot as plt
from sklearn import datasets
Iris=datasets.load_iris()
Iris=Iris.data
plt.scatter(Iris[:,1],Iris[:,2])
plt.xlabel('Sepal.Length')
plt.ylabel('Sepal.Width')
```

```
attach(iris)
plot(Sepal.Length,Sepal.Width)
```

4.3Gráfico de histograma

```python
from matplotlib import pyplot as plt
from sklearn import datasets
Iris=datasets.load_iris()
Iris=Iris.data
plt.boxplot(Iris[:,2])
```

```
attach(iris)
boxplot(Sepal.Length)
```

4.4Gráfico de barras

```python
from matplotlib import pyplot as plt
from sklearn import datasets
Iris=datasets.load_iris()
Iris=Iris.data
x=Iris[:,0]
ind=np.arange(len(x))
plt.bar(ind,x)
```

```r
attach(iris)
barplot(Sepal.Length)
```

4.5 Gráfico de linhas

```python
from matplotlib import pyplot as plt
from sklearn import datasets
Iris=datasets.load_iris()
Iris=Iris.data
plt.plot(Iris[:,1],Iris[:,2])
```

```r
attach(iris)
plot(Sepal.Length,Sepal.Width,type='l')
```

4.6 Gráfico de pizza

```python
from sklearn import datasets
import numpy as np
from pylab import  pie
iris=datasets.load_iris()
t=iris.target
u=np.bincount(t)
v=np.nonzero(u)[0]
p=np.vstack((v,u[v])).T
pie(p[:,1],labels=['setosa','versicolor','virginica'])
```

```r
attach(iris)
pie(table(Species))
```

4.7 Parcelas de caule e folhas

```python
pip install stemgraphic
import stemgraphic
import pandas as pd
D=pd.DataFrame([12,127,28,42,39,113,42,18,44,118,44,37,113,124,
37,48,127,36,29,31,125, 139,131,115,105,132,104,123,35,113,122,
42,117,119,58,109,23,105,63,27, 44,105,99,41,128,121,116,125,32,
61,37,127,29,113,121,58,114,126,53,114,96,25,109,7,31,141,46,13,
27,43,117,116,27, 7,68,40,31,115,124,42,128,52,71,118,117,38,
27,106,33,117,116,111,40,119,47,105,57,122,109,124,115,43,120,
43,27,27,18,28,48,125,107,114,34,133,45,120,30,127,31,116,146])
fig, ax = stemgraphic.stem_graphic(D[0])
```

```
D=c(12,127,28,42,39,113,42,18,44,118,44,37,113,124,37,48,127,
36,29,31,125,139,131,115,105,132,104,123,35,113,122,42,117,
119,58,109,23,105,63,27,44,105,99,41,128,121,116,125,32,61,
37,127,29,113,121,58,114,126,53,114,96,25,109,7,31,141,46,
13,27,43,117,116,27,7,68,40,31,115,124,42,128,52,71,118,
117,38,27,106,33,117,116,111,40,119,47,105,57,122,109,
124,115,43,120,43,27,27,18,28,48,125,107,114,34,133,45,
120,30,127,31,116,146)

stem(D)
```

4.8Bolhas de sabão

```python
from sklearn import datasets
iris=datasets.load_iris()
iris=iris.data
x=iris[:,0]
y=iris[:,1]
sizes=iris[:,2]
plt.scatter(x,y,s=sizes*200)
```

```
attach(iris)
symbols(Sepal.Length,Sepal.Width,Petal.Length,inches=0.2)
```

## CAPÍTULO 5

Estatísticas descritivas

A estatística descritiva ajuda-nos a compreender os dados e é uma parte muito importante da análise estatística e da aprendizagem automática. Isto deve-se ao facto de a estatística ter como objetivo tirar conclusões a partir dos dados, o que é um passo inicial necessário. Por outro lado, a aprendizagem automática tem tudo a ver com fazer previsões. Neste capítulo, forneceremos códigos Python e R para os conceitos estatísticos descritivos mais importantes.

5.1 Estatísticas resumidas

```python
import pandas as pd
from sklearn import datasets
iris=datasets.load_iris()
iris=iris.data
IrisAsDataFrame=pd.DataFrame(iris)
IrisAsDataFrame.describe()
```

```r
attach(iris)
summary(iris)
```

5.2 Centiles

Para obter os percentis 50%, 75%, 80%, 85%, 90%, 95% e 99%, podem ser utilizados os seguintes códigos em Python e R:

```
import pandas as pd
from sklearn import datasets
iris=datasets.load_iris()
iris=iris.data
IrisAsDataFrame=pd.DataFrame(iris)
IrisAsDataFrame[0].quantile([0.50,0.75,0.80,0.85,0.90,0.95,0.
99])
```

```
attach(iris)
quantile(Sepal.Length, probs =
c(0.50,0.75,0.80,0.85,0.90,0.95,0.99))
```

5.3 Frequência

O cálculo do número de observações (frequência) dentro de um intervalo
especificado (bin) ou para cada item (frequência de dados pontuais) pode ser
efectuado utilizando os seguintes códigos:

```
import pandas as pd
hs=pd.DataFrame([20.85, 21.65, 22.05, 22.85, 23.05, 23.05,
23.05, 23.05, 23.45, 23.85, 23.85, 23.85, 24.05, 25.05])
from scipy.stats import itemfreq
freq = itemfreq(hs)# point data  frequency
hsc = pd.cut(hs[0], bins = range(20, 27,1))
itemfreq(hsc) # interval data frequency
```

```
hs=c(20.85, 21.65, 22.05, 22.85, 23.05, 23.05, 23.05,
23.05,23.45, 23.85, 23.85, 23.85, 24.05, 25.05)

table(hs) # point data frequency

hsc = cut(hs, breaks = c(20, 21, 22, 23, 24, 25, 26))

table(hsc) # interval data frequency
```

5.4 Funções simples de estatística/matemática

For hs=20.85,21.65,22.05,22.85,23.05,23.05,23.05,

23.05,23.45, 23.85, 23.85, 23.85, 24.05, 25.05, as seguintes funções podem ser calculadas utilizando os códigos Python e R relacionados:

- **Soma:**

```python
import pandas as pd
import numpy as np
hs=pd.DataFrame(hs)
np.sum(hs[0])
```

```
sum(hs)
```

- **Raiz quadrada:**

```python
import pandas as pd
import numpy as np
hs=pd.DataFrame(hs)
np.sqrt(hs[0])# Note:The following will be applied only on one value x!
import math
math.sqrt(x)
```

```
sqrt(hs)
```

Média:

```python
import pandas as pd
import numpy as np
hs=pd.DataFrame(hs)
np.mean(hs)
```

```
mean(hs)
```

- **Mediana:**

```python
import pandas as pd
import numpy as np
hs=pd.DataFrame(hs)
np.median(hs)
```

```r
median(hs)
```

- **Modo:**

```python
import pandas as pd
import numpy as np
from statistics import mode
hs=pd.DataFrame(hs)
mode(hs[0])
```

```r
library(DescTools)
Mode(hs)
```

Variância (amostra):

```python
import pandas as pd
import numpy as np
from statistics import mode
hs=pd.DataFrame(hs)
hs.var()
#note: using np.var(hs) will produce population variance
```

```r
library(DescTools)
var(hs)
```

- Desvio padrão:

```python
import pandas as pd
import numpy as np
from statistics import mode
hs=pd.DataFrame(hs)
hs.std()# note:  using np.var(hs) will produce population
variance
```

```r
library(DescTools)
sd(hs)
```

## CAPÍTULO 6

Eventos e probabilidade básica

O espaço de amostras, os eventos e as suas operações e a probabilidade podem ser explorados em Python e R. Podem ser utilizados os seguintes códigos:

6.1 Eventos e operações

- **A ∏B:**

```
S = {'HHH','HHT','HTH','THH','TTH','HTT','THT','TTT'}
A = {'TTH', 'HTT', 'THT', 'TTT'}
B = {'HHH', 'HHT', 'HTH', 'THH', 'TTH', 'HTT'}
AandB=A.intersection(B)
```

```
S = c('HHH','HHT','HTH','THH','TTH', 'HTT','THT','TTT')
A = c('TTH', 'HTT','THT','TTT')
B = c('HHH', 'HHT', 'HTH', 'THH', 'TTH', 'HTT')
AandB=intersect(A,B)
```

- **UM UB:**

```
S = {'HHH','HHT','HTH','THH','TTH','HTT','THT','TTT'}
A = {'TTH', 'HTT', 'THT', 'TTT'}
B = {'HHH', 'HHT', 'HTH', 'THH', 'TTH', 'HTT'}
AorB=A.union(B)
```

```
S = c('HHH','HHT','HTH','THH','TTH', 'HTT','THT','TTT')
A = c('TTH', 'HTT','THT','TTT')
B = c('HHH', 'HHT', 'HTH', 'THH', 'TTH', 'HTT')
AorB=union(A,B)
```

6.2 Eventos e probabilidades

- **Probabilidade do evento:**

```
S  =  {'HHH','HHT','HTH','THH','TTH','HTT','THT','TTT'}
A  =  {'TTH',  'HTT', 'THT', 'TTT'}
B = {'HHH',  'HHT',  'HTH',  'THH',  'TTH',  'HTT'}
ProbA=len(A)/len(S)
```

```
S  =  c('HHH','HHT','HTH','THH','TTH',  'HTT','THT','TTT')
A  =  c('TTH',  'HTT','THT','TTT')
B = c('HHH',  'HHT',  'HTH',  'THH',  'TTH',  'HTT')
Prob.A=length(A)/length(S)
#OR
library(stringr)
noInA=sum(str_count(S, 'TT|T.T'))
Prob.A= noInA /length(S)
```

- **P(A ∩B):**

```
PrAandB=len(AandB)/len(S)
```

```
PrAandB=length(AandB)/length(S)
```

- **P(A UB):**

```
PrAorB= len(A)/len(S)+len(B)/len(S)-len(AandB)/len(S)
```

```
PrAorB=length(A)/length(S)+length(B)/length(S)
-length(AandB)/length(S)
```

## CAPÍTULO 7

Distribuições estatísticas

Uma variável aleatória pode assumir dois tipos principais de valores, discretos ou contínuos. Na teoria das probabilidades e na estatística, uma distribuição de probabilidades é uma função matemática que fornece as probabilidades de ocorrência de diferentes resultados possíveis numa experiência. Dependendo do tipo de variáveis aleatórias, as distribuições estatísticas dividem-se geralmente em duas classes: distribuições discretas e distribuições contínuas.

7.1 Distribuições discretas

Uma distribuição discreta (aplicável às variáveis aleatórias discretas, como o número de alunos de uma turma) pode ser codificada por uma lista discreta das probabilidades dos resultados, conhecida como função de massa de probabilidade. As aplicações mais comuns da distribuição de probabilidade discreta são a distribuição binomial e a distribuição de Poisson. Seguem-se os códigos Python e R para diferentes cálculos na distribuição binomial e na distribuição de Poisson:

7.1.1 Distribuição binomial

- Geração de variáveis aleatórias binomiais:

Para criar x variáveis aleatórias a partir da distribuição Binomial com o número de tentativas n e a probabilidade de sucesso p pode utilizar os seguintes códigos

```
from scipy.stats import binom
binom.rvs(size=x,n=n,p=p)
```

```
rbinom(x,n,p)
```

Função de distribuição: P(X <x)

```
from scipy.stats import binom
import scipy.stats as ss
ss.binom.cdf(x,n,p)
```

```
pbinom(x,n,p)
```

Densidade: P(X = x)

```
import scipy.stats as ss
ss.binom.pmf(x,n,p)
```

```
dbinom(x,n,p)
```

7.1.2 Distribuição de Poisson

- **Geração de variáveis aleatórias dePoisson:**

Para criar 5 variáveis aleatórias a partir da distribuição de Poisson com uma média de

$\mu = 3$ pode utilizar os seguintes códigos:

```
from scipy.stats import poisson
poisson.rvs(mu=3, size=5)
```

```
rpois(5,3)
```

Função de distribuição: P(X <x)

```
import scipy.stats import poisson
poisson.cdf(x, lambda)
```

```
ppois(x,lambda,log=FALSE)
```

- **Densidade: P(X = x)**

```
from scipy.stats import poisson
poisson.pmf(x, lambda)
```

```
dpois(x,lambda,log=FALSE)
```

7.2 Distribuições contínuas

Uma distribuição de probabilidade contínua (aplicável quando existem variáveis aleatórias contínuas, como a temperatura num determinado dia) é normalmente descrita por funções de densidade de probabilidade. As aplicações mais comuns da distribuição contínua são a distribuição Normal e a distribuição t de Students. Seguem-se os códigos Python e R para diferentes cálculos na distribuição Normal e na distribuição t de Students.

7.2.1 Distribuição normal

- Geração de variáveis aleatórias do tipo Normal:

Para criar *x* variáveis aleatórias da distribuição Normal com uma média de e o desvio padrão de *um* pode utilizar os seguintes códigos:

```
from scipy.stats import norm
norm.rvs(size=x,loc=mu,scale=sigma)
```

```
rnorm(x,mu,sigma)
```

- **Função de distribuição: P(X <x)**

```
from scipy.stats import norm
norm.cdf(x,mu,sigma)
```

```
pnorm(x,mu,sigma) # Area under the curve
```

- **Inverso da função de distribuição:**

```
from scipy.stats import norm
norm.ppf(probability,mu,sigma)
```

```
qnorm(probability,mu,sigma)
```

Densidade: P(X = x)

```
from scipy.stats import norm
norm.pdf(x,mu,sigma)
```

```
dnorm(x,mu,sigma)
```

7.2.2 Estudantes t

- **Geração de variáveis aleatórias dos Alunos t:**

Para criar x variáveis aleatórias da distribuição t de Estudantes com um grau de liberdade (df) pode utilizar os seguintes códigos:

```
from scipy.stats import t
t.rvs(df,size=x)
```

```
rt(x,df)
```

- **Função de distribuição: P(X ≤x)**

```
from scipy.stats import t
t.cdf(x,df)
```

```
pt(x,df)
```

- **Inverso da função de distribuição:**

```
from scipy.stats import t
t.ppf(probability,df)
```

```
qt(probability,df)
```

sidade: P(X = x)

```
from scipy.stats import t
t.pdf(x,df)
```

```
dt(x,df)
```

## CAPÍTULO 8

Testes estatísticos

O teste de hipóteses (ou teste estatístico) é uma forma de inferência estatística que utiliza dados de uma amostra para tirar conclusões sobre um parâmetro populacional ou uma distribuição de probabilidade populacional. Em primeiro lugar, é feita uma suposição provisória sobre o parâmetro ou a distribuição. Esta suposição é designada por hipótese nula e é designada por H0. Em seguida, define-se uma hipótese alternativa (designada por H1), que é o oposto do que se afirma na hipótese nula. O procedimento de teste de hipóteses envolve a utilização de dados de amostra para determinar se H0 pode ou não ser rejeitada. Os testes Python e R utilizam estas funções de teste relacionadas para produzir as estatísticas relacionadas e o valor p.

8.1 Teste de uma amostra para a média

Tanto o Python como o R fornecem testes z e t para a média da amostra, em que a hipótese alternativa pode ser bilateral, menor ou maior. O código Python lida apenas com um nível de confiança de 95% e a variância a ser utilizada é uma variância agrupada!

- teste z:

```python
from statsmodels.stats.weightstats import ztest
ztest(x,alternative='two-sided',value=mean,usevar='pooled')
# The only confidence level is 95%
```

```r
library(BSDA)

z.test(x,alternative='two.sided',mu=mean(x),
sigma.x=sigma(x),conf.level = 0.95)
```

teste t:

```
from scipy.stats import stats
stats.ttest_1samp(x,mean)
```

```
t.test(x,alternative='two.sided',mu=mean,conf.level  = 0.95)
```

8.2 Teste de uma amostra para proporção

Para x como o número de sucessos, em que n é o número de tentativas e p é a probabilidade de sucesso, então o teste z em Python e R pode ser praticado utilizando os seguintes códigos. Nota: O código do Python não é muito apropriado para este caso. Em vez disso, existem alguns scripts que tratam da codificação de todo o teste. Nesta situação, as funções binom.test() e prop.test() do R podem ser utilizadas para efetuar o teste de uma proporção:

- binom.test(): calcula o teste binomial exato. Recomendado quando o tamanho da amostra é pequeno.

- prop.test(): pode ser utilizado quando o tamanho da amostra é grande (n > 30). Utiliza uma aproximação normal à binomial. A função prop.test não faz um teste z. Faz um teste de Qui-quadrado, baseado no facto de haver uma variável categórica com dois estados (sucesso e fracasso), o que é equivalente ao teste z.

```
from statsmodels.stats.proportion import proportions_ztest
proportions_ztest(x, n, p) # value is the probability of
success.
```

```
prop.test(x,  n,p=0.05,alternative='two.sided',
conf.level=0.95)

# OR for small sample size use

binom.test(x,  n,p=0.05,alternative='two.sided',
conf.level=0.95)
```

8.3 Teste t de duas amostras para as médias

- **Teste emparelhado:**

```
from statsmodels.stats.weightstats import ztest
ztest(x,alternative='two-sided',value=mean,usevar='pooled')
```

```
t.test(x,y,  paired  =  TRUE,  mu=0,alternative='two.sided',
conf.level = 0.95)
```

- **Teste independente de variâncias desiguais (teste t de Welch de duas amostras):**

```
from scipy.stats import stats
stats.ttest_ind(x, y, equal var=False)
```

```
t.test(x,y,  paired  =  FALSE,  mu=0,alternative='two.sided',
conf.level = 0.95, var.equal = FALSE)
```

- **Teste independente de variâncias iguais:**

```
from statsmodels.stats.weightstats import ttest_ind
ttest_ind(x, y, alternative='two-sided', usevar='pooled',
value=0)
```

```
t.test(x,y, paired = FALSE, mu=0,alternative='two.sided',
conf.level = 0.95, var.equal = TRUE)
```

8.4 Testes de qui-quadrado para dados categóricos

- **Adequação:**

```
from scipy.stats import chisquare
chisquare(observed value, expected values)# expected values
are optional, by default the categories  are assumed to be
equally likely
chisq.test(x = observed,p = expected proportion)
```

- **Teste de independência:**

```
from scipy.stats import chi2_contingency
chi2_contingency(x) # x is a matrix with observed and expected
values
```

```
chisq.test(x, correct =  TRUE) # Note: x is a matrix with
more than one row or  one column. If x is a vector with one
row or one column, then a goodness-of-fit test is performed
```

## CAPÍTULO 9

Regressão linear

A regressão linear é um método estatístico que permite resumir e estudar as relações entre duas variáveis contínuas (quantitativas). É utilizado para prever o valor de uma variável de resultado Y com base numa ou mais variáveis preditoras de entrada X. O objetivo é estabelecer uma relação linear (uma fórmula matemática) entre a(s) variável(eis) preditora(s) e a variável de resposta, de modo a podermos utilizar esta fórmula para estimar o valor da resposta Y quando apenas se conhecem os valores das variáveis preditoras (X).

9.1 Construção de um modelo linear

```
import pandas as pd import scipy as sc
import statsmodels.api as sm
import    statsmodels.formula.api   as sma
cars_speed=sm.datasets.get_rdataset('cars', 'datasets')
cars=pd.DataFrame(cars_speed['data'])
linearMod  =sma.ols('dist~speed',data=cars).fit()
```

```
linearMod = lm(dist~speed, data=cars)
```

9.2 Impressão de parâmetros de regressão linear

Continuando com a Secção 9.1, as seguintes funções, tanto em Python como em R, produzirão os parâmetros de regressão.

```
print (linearMod.params)
```

```
print(linearMod)
```

9.3 Teste de hipóteses e coeficiente de correlação

Continuando com a Secção 9.1, as seguintes funções, tanto em Python como em R, produzirão os parâmetros do teste de hipóteses e os coeficientes de correlação para o teste do parâmetro de declive.

```
print(linearMod.summary())
```

```
summary(linearMod)
```

REFERÊNCIAS

Ajay O. (2017). Python para utilizadores de R: A Data Science Approach, Wiley.

Dan T. (2014). R for Data Science, Aprenda e explore os fundamentos da ciência de dados com R, PACKT Publishing, Birmingham-Mumbai.

Daniel K. (2013). Start r in Calculus, edição Beta, Projeto Mosaico.

Edwin d. J. e M v. d. L. (2013). An introduction to data cleaning with R, Statistics Netherlands, Henri Faasdreef 312, 2492 JP The Hague.

Gareth J., Daniela W., Trevor H. e Robert T. (2013). An Introduction to Statistical Learning_with Applications in R, Springer Science+Business Media, Nova Iorque.

G. Jay Kerns (2011). Introduction to Probability and Statistics Using R, 2ª edição.

Jeffrey S. S. e Jeffrey M. S. (2017). Uma introdução à ciência dos dados, SAGE Publications, Inc, EUA.

John H. (2016). Aprendizado de máquina avançado com Python, Packt Publishing.

Luis P. C. e Willi R. (2015). Construindo sistemas de aprendizado de máquina com Python 2ª edição, Packt Publishing.

Mark L. (2008). Learning Python, 3rd ed, O'Reilly Media, Inc.

Nina Z. e John M. (2014). Practical Data Science with R, publicações Manning.

Petra K. e Bill V. (2005). An Introduction to R; Software for Statistical Modelling & Computing, publicado por CSIRO Mathematical and Information Sciences, Cleveland, Austrália.

Phil S. (2008). Data Manipulation with R, Springer Science+Business Media, LLC.

Shelton P., Jennifer C., Nethal J. (2021). Um guia de referência rápida para iniciantes em estatística e ciência de dados usando RStudio, CV. Meugah Printindo, Indonésia. ISBN 978-623-97079-0-3.

Samir M. (2015). Dominando Python para ciência de dados, Packt Publishing.

Trevor H., Robert T. e Jerome F. (2008). The Elements of Statistical Learning, Data mining, Inference and Prediction (Os elementos da aprendizagem estatística, extração de dados, inferência e previsão), 2.ª edição, Springer

Thomas H. (2016). Uma introdução à estatística com Python: With Applications in the Life Sciences, 1ª ed, Springer.

More
Books!

Printed by Books on Demand GmbH, Norderstedt / Germany